Matías Arana

IPA: El Indicador Predictivo de Anemia

Matías Arana

IPA: El Indicador Predictivo de Anemia

Cómo predecir en tres días la anemia que se desarrollará en tres meses

Editorial Académica Española

Imprint
Any brand names and product names mentioned in this book are subject to trademark, brand or patent protection and are trademarks or registered trademarks of their respective holders. The use of brand names, product names, common names, trade names, product descriptions etc. even without a particular marking in this work is in no way to be construed to mean that such names may be regarded as unrestricted in respect of trademark and brand protection legislation and could thus be used by anyone.

Cover image: www.ingimage.com

Publisher:
Editorial Académica Española
is a trademark of
Dodo Books Indian Ocean Ltd. and OmniScriptum S.R.L publishing group

120 High Road, East Finchley, London, N2 9ED, United Kingdom
Str. Armeneasca 28/1, office 1, Chisinau MD-2012, Republic of Moldova, Europe
Managing Directors: Ieva Konstantinova, Victoria Ursu
info@omniscriptum.com

Printed at: see last page
ISBN: 978-620-0-02244-8

¿Podemos predecir en tres días la anemia que desarrollará en tres meses?

Capítulo 1: Los Reticulocitos

El principio de todo

Haciendo un poco de historia, a mediados de 1865, el neurólogo alemán Wilhelm Heirich Erb (1840-1921), en su estudio en toxicología e histología, investigando los linfocitos, observó una población de eritrocitos con gránulos por el efecto del ácido pícrico y el ácido acético. Esta fue la primera descripción de los reticulocitos como eritrocitos granulares de mayor tamaño que los normales (1). Así pues siguió estudiando eritrocitos de animales adultos normales, gatos, terneros y fetos humanos. También observó la aparición de los mismos después de hemorragias y en pacientes con ciertas enfermedades crónica en tratamiento con hierro. Sin embargo pensaba que los mismos eran formas de transición entre los glóbulos blancos y los glóbulos rojos.

A finales del siglo XIX, el investigador alemán y Premio Nobel Paul Ehrlich (1854-1915), no solo descubrió y clasificó los leucocitos polimorfonucleares sino que también describió las propiedades de la sustancia filamentosa basófila granular de los reticulocitos y su significado. Utilizó el azul de metileno como técnica básica de tinción de los eritrocitos, en películas finas de sangre sobre portaobjetos de pacientes con anemia perniciosa. Las describió como redes finas y densas y las consideró características de eritrocitos envejecidos (2).
Esta sustancia reticular fue considerada en su momento como producto de necrosis o degenerativo producida por las bacterias.

A principios del siglo XX, el bacteriólogo estadounidense Theobald Smith (1859-1934), contradijo lo que se venía postulando. Estudiando el mecanismo por el que se transmiten los parásitos en la sangre de los animales, observó variaciones en el número de estas células en relación con estados patológicos como la anemia. De esta manera afirmó, con mucha certeza, que los reticulocitos eran glóbulos rojos jóvenes (3).

Hasta aquí todos estos estudios crearon mucha confusión relacionado a la nomenclatura. Aun así los investigadores estadounidenses utilizaban términos como "eritrocitos reticulados" o "eritrocito con tinción vital", mientras que los alemanes, franceses e italianos se referían a "eritrocitos con sustancia granulo-filamentosa".

En 1918, Irving M. London, Profesor Emérito de Medicina en Harvard y el MIT, en colaboración con David Shemin y David Rittenberg, demostró que los reticulocitos sintetizan hemoglobina (Hgb) y absorben hierro (4).

Fue entonces que en 1922, Edward Bell Krumbhaar (1883-1966), patólogo y eminencia en muchas sociedades médicas estadounidenses, acuñó el término "reticulocito". Esta afirmación era debido a que los eritrocitos revelaban un retículo más extenso (sustancia filamentosa granular) mediante el método de tinción vital (5).

En otro artículo afirmaba que el porcentaje de reticulocitos varía en la enfermedad y va a depender naturalmente de la demanda y de la capacidad de la médula ósea para poder responder frente a la misma. Estos principios clarifican el significado clínico de los reticulocitos.

Toda la investigación estaba enfocada en la morfología de los mismos, como así también las diferentes metodologías para su coloración y las propiedades de esta sustancia granular presente en estas células.

Pero no solo la presencia, sino también la cantidad de esa sustancia filamentosa, constituirían un sello distintivo y significativo de los distintos estados madurativos o subpoblaciones de los reticulocitos circulantes en sangre periférica.

A mediados del siglo XX se realizaron muchos estudios sobre las características bioquímicas y de la maduración de los reticulocitos, ampliándose así la bibliografía sobre ellos. La clasificación según su madurez fue propuesta por el internista alemán Ludwig Heilmeyer (1899-1969) en 1932 (6).

En la década de 1940, Clark Wright Heath (1900-1986) centró su investigación en la vida de los reticulocitos y la duración de su presencia en el sistema circulatorio. Y en 1944, el belga Pierre Dustin (1914-1993), demostró que la sustancia granular «reticulada» es ARN (7).

En 1947, el hematólogo italiano Giovanni Astaldi (1914-2002) clasificó los reticulocitos en 3 estadios de maduración, como es la actual clasificación de maduración utilizada en la citometría de flujo (8).

Desde la década de 1950, muchos investigadores han centrado sus investigaciones en la eritropoyesis y los reticulocitos. Con el paso de los años, el naranja de acridina, un colorante fluorescente, sustituyó a la tinción supravital y mejoró la sensibilidad del recuento microscópico (9).

La comprensión del proceso de maduración en los reticulocitos y los mecanismos de desarrollo eritroide a nivel molecular representan hoy un fascinante campo de investigación.

El origen del término y su definición

Los colorantes supravitales producen la precipitación del retículo endoplásmico rugoso que contiene ARN y proteínas. El nombre "reticulocito" deriva la aparición microscópica de estos luego de la fijación y coloración (10). Los colorantes utilizados en la tinción de extendidos de sangre periférica, pueden ser May-Grünwald Giemsa, tipo Romanowsky o Wright. Con estos colorantes no "supravitales", los reticulocitos aparecen ligeramente más grandes que los eritrocitos maduros con un color azul-grisáceo y se describe la presencia de policromasia o policromatofilia.

El ARN desaparece en la fijación con metanol. Pero si se lo expone a los colorantes supravitales como el nuevo azul de metileno (NMB: new methylene blue) o el azul brillante de cresilo (BCB: Blue Cresil Brilliant), este precipita y aparecen los gránulos y filamentos al microscopio. La NCCLS-ICSH (National Committee for Clinical Laboratory Standards-International Council for Standardization in Haematology) establece que los reticulocitos deben tener al menos 2 gránulos de tinción, que sean azulados, visibles sin ajuste fino al microscopio y situados lejos del margen celular para evitar la confusión con los cuerpos de Heinz (11).

El Desarrollo de los glóbulos rojos

Para estudiar la morfología del reticulocito, debemos recordar que éste se encuentra en la etapa de desarrollo inmediatamente antes de los glóbulos rojos maduros y se caracteriza por haber perdido su núcleo.

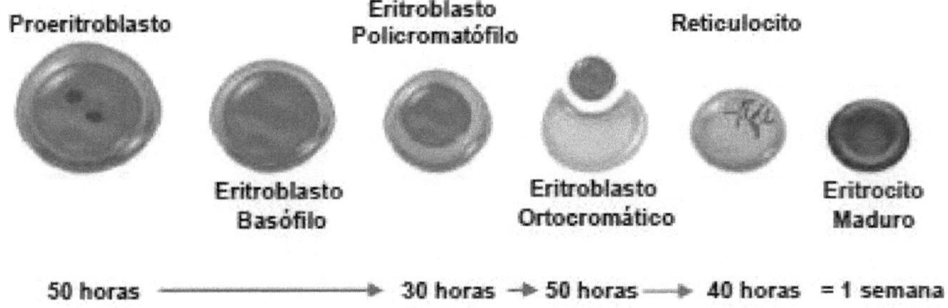

Fig.1 Línea de tiempo de maduración del eritrocito.

Analizando la línea de tiempo de la maduración del glóbulo rojo Fig.1, podemos ver que desde el momento en que se presenta el estado madurativo proeritroblasto, tarda unas 170 horas, o el equivalente a 1 semana, en desarrollarse el eritrocito maduro. Este tiempo va a ser muy importante al momento de estudiar el recuento de los reticulocitos, ya que es la etapa donde los eritrocitos acaban de perder su núcleo. En condiciones normales los reticulocitos pasaran 1 o 2 días de su maduración en médula ósea y luego seguirá 1 día más en el torrente sanguíneo (12).

Glóbulo Rojo bicóncavo

Cuando los reticulocitos ingresan al torrente sanguíneo, no tiene las características del glóbulo rojo que ya conocemos. Para poder salir de la medula ósea, éstos deben escurrirse a través del citoplasma de las células endoteliales que cubren el seno venoso. Si, a través de ellas y no entre ellas.

Su maduración es un proceso continuo. En él se producen cambios morfológicos, bioquímicos y funcionales donde se remodela el exceso de membrana , cambia el volumen, elimina elementos extras que no son necesarias para el glóbulo rojo maduro tales como el contenido citoplasmático de sobra, orgánulos internos y/o unidos a la membrana, DNA residual y ribosomas (13).

Recordemos que reticulocitos inmaduros son bioquímicamente más activos que los maduros, donde la hexokinasa, la piruvato kinasa, la glucosa-6-fosfato deshidrogenasa y el transporte de oxígeno están incrementados. En la médula ósea, se mantienen las funciones celulares como la producción de hemoglobina (Hgb) y la absorción de hierro (Fe).

Los receptores de membrana para la transferrina (CD71) disminuyen desde los reticulocitos más jóvenes a los menos maduros y lo mismo con su ARN a medida que van madurando. Y este ARN ribosómico es el que le da, a veces, el tinte azulado a los reticulocitos en los frotis de sangre con tinción de Wright o May-Grünwald – Giemsa (MG-G).

Limpieza, pulido y terminado.

Los macrófagos esplénicos (Fig. 2) cumplen una función fundamental en la conformación estructural de eritrocito. El paso a través del bazo permite quitar el exceso de membrana y los receptores extras que la célula ya no necesita. Este "pulido" va generando elasticidad a la membrana y extrae pequeños pedazos de eritrocitos tales como gránulos sideróticos y restos de ADN.

Es importante aclarar que estos cuerpos sideróticos son las mitocondrias. La energía proviene de ellas durante el proceso madurativo de los reticulocitos hasta el final del desarrollo donde tenemos el eritrocito maduro. Todo este proceso esencial ahueca la célula, dándole el aspecto de disco bincóncavo, conformando así una célula madura. Se cree que la presencia de este ARN es fundamental para promover la "limpieza" del reticulocito y así pueda alcanzar la forma necesaria del eritrocito. Aquí es donde el reticulocito pierde alrededor del 24% de su volumen y área de superficie e incrementa su estabilidad y su capacidad de deformarse (34).

Fig.2 Imagen representativa del macrófago realizando el pulido y limpieza del reticulocito.

Cuando un paciente ha tenido una esplenectomía, solemos encontrar los excesos de membrana y todas estas inclusiones que no se pudieron eliminar en el proceso normal madurativo. El exceso de membrana se ve en las células dianas o target cells (A), los gránulos sideróticos se ven como cuerpos de Pappenheimer (B) y los restos de ADN en los cuerpos de Howell-Jolly (C).

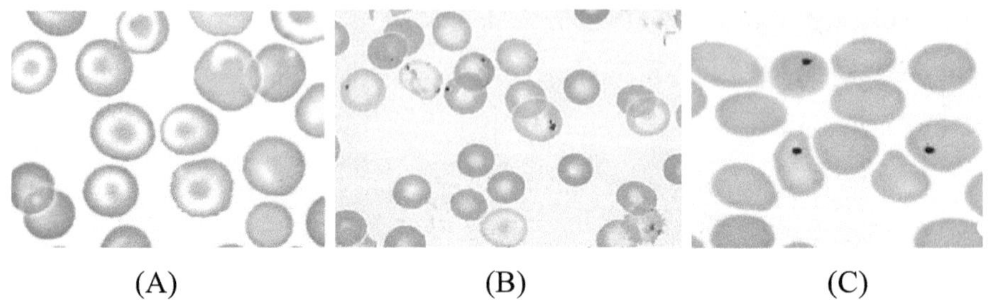

(A)   (B)   (C)

Los reticulocitos siempre están, aunque no los veamos.

En un frotis de sangre periférica, de un paciente normal, con tinción de Wright o MG-G, no vemos nada que se parezca a un reticulocito. Pero sabemos que están ahí. Sólo alrededor del 1% de las células en sangre periférica son reticulocitos en circunstancias normales. Esto representa menos de 2 reticulocitos en un campo aumentado 100 veces (100X).

Como ya han madurado bastante saliendo de la médula ósea y han degradado casi todo el ARN ribosómico, no tienen el aspecto azulado con el que clásicamente se los asocia.

Por otro lado, en un paciente anémico, con una anemia hemolítica y con presencia de esquistocitos, los reticulocitos se presentan de tamaño prominente. Los mismos son más azules en color y aún no tienen esa forma de disco bicóncavo.

Esta visualización es posible gracias a los efectos de la Eritropoyetina (EPO) y lo primero que hace es comprimir la línea de tiempo del desarrollo de los glóbulos rojos, de alrededor de una semana a tan sólo cuatro días. Esto es posible acelerando una serie de procesos metabólicos.

Así permite a los reticulocitos dejar la médula ósea anticipadamente mientras que su citoplasma es todavía "azul" en un extendido de sangre periférica coloreado. Esto significa que todavía tienen que madurar esas células adultas maduras a un color más "rosado", y les va llevar más de un día en sangre periférica para lograrlo. Estos de color más azul son los reticulocitos transitorios, pues el tiempo de la maduración que debía hacerse en medula ósea ahora se hará en el torrente sanguíneo.

Como habíamos descripto antes, para visualizar los reticulocitos al microscopio usamos una tinción supra vital. Esto significa que teñimos las células, antes de hacer el frotis, mientras están vivas. Por lo general usamos el azul brillante de cresilo que revelará los reticulocitos.

Los estadios de maduración de los reticulocitos según la clasificación de Heilmeyer (6) son los siguientes:

- Grupo 0: Eritrocito nucleado (normoblasto ortocromático), teñido fuertemente para la reticulina y el núcleo. Este tipo celular no se incluye en el recuento de reticulocitos.
- Grupo I: Glóbulos rojos no nucleados, que aparecen con un retículo denso y agrupado; comprenden el 0,1% de la población de reticulocitos en individuos en condiciones normales.
- Grupo II: Red extendida de retículo suelto; comprenden el 0,7% de la población de reticulocitos en individuos normales.
- Grupo III: Gránulos dispersos con red de retículo residual; comprenden el 32% de la población de reticulocitos en individuos normales.
- Grupo IV: Gránulos dispersos; comprenden el 61% de los reticulocitos en individuos normales.

Como se puede apreciar en la clasificación, algunos tendrán una muy pequeña cantidad de ARN residual, estos son reticulocitos relativamente más maduros que no podríamos identificar en un frotis tinción de Wright o MG-G, porque no tendrían ningún "azulado" aparente en el citoplasma. Por otro lado, hay otros reticulocitos que tendrán cantidades entre moderadas a grandes de ARN residual (reticulocitos transitorios) y estos son los que cuando los vemos en un frotis con tinción de Wright o MG-G aparecerían muy azules, lo cual reportaríamos como policromatofilia.

Si bien la clasificación ayuda a distinguir el grado de madurez de los reticulocitos, en un frotis de sangre periférica con tinción supra vital, los reticulocitos se cuentan en su totalidad, sin discriminar por su grado.

Hoy los equipos automatizados cuentan con herramientas que permiten contabilizar y separar las poblaciones de los reticulocitos según su grado de madurez y cantidad de ARN.

Este avance ha permitido optimizar los tiempos en microscopía, una adecuada clasificación de los mismos y sobre todo, la posibilidad de hacer un seguimiento en cómo van variando los porcentajes de las poblaciones inmaduras durante los procesos agudos o de respuesta a una estimulación.

Maduración en Sangre periférica.

Los reticulocitos jóvenes pueden trasladarse hacia el torrente sanguíneo en determinadas circunstancias. Esto aumenta su permanencia en sangre periférica debido a que su maduración no se completará en médula ósea. Por ende, será mayor a lo que típicamente, en estado normal, es de un solo día.

En la Fig.3 podemos observar una condición normal de un hematocrito de 45%
y el estado madurativo de los reticulocitos. Estos son los que han perdido la mayor
parte de su ARN, antes de ser liberados a sangre periférica.

Este ARN residual a veces no es suficiente para darles un aspecto azulado con la
tinción y estamos hablando de aproximadamente el 1% de las células.

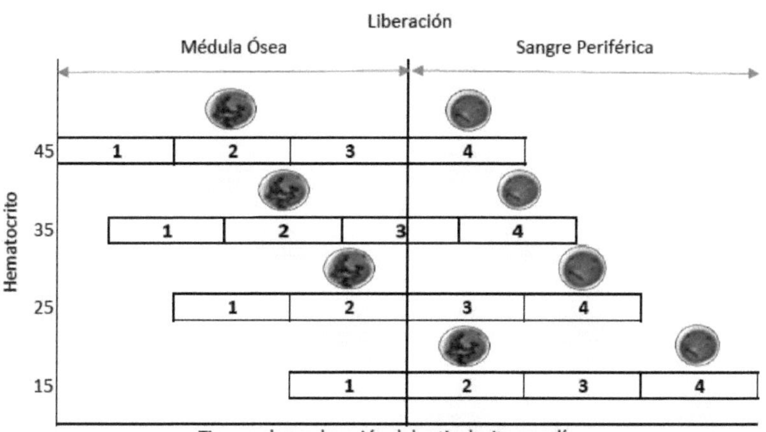

Fig.3 Tiempo de permanencia de los reticulocitos en Medula Ósea según el hematocrito.

En aquella situación donde el hematocrito descienda, se observará un aumento
del número de días de permanencia necesarios para terminar de madurar en el
torrente sanguíneo. Entonces a medida que la severidad de la anemia aumente, el
número de días de maduración en el torrente sanguíneo también aumentará.

La presencia de estos reticulocitos transitorios en sangre periférica es la respuesta
de la médula ósea a un aumento en el nivel de eritropoyetina; permitiendo a los
reticulocitos más jóvenes salir de la misma antes del tiempo de maduración
normal en ella. La presencia de los mismos puede reflejar una ligera
policromatofilia.

El Recuento Manual de Reticulocitos vs. Automatizado

El recuento manual de reticulocitos nos da lo que llamamos un recuento relativo o porcentual (%). Se obtiene contando el número de reticulocitos con tinción vital en mil eritrocitos al mismo tiempo.

Se puede hacer en dos mil eritrocitos siempre llevándolos a % o bien utilizar un disco de Miller para hacer más fácil el recuento. Más allá de todo y sin importar cuál de estas pruebas manuales, todas tienen un coeficiente de variación superior al 20%.

Con este porcentaje se podría calcular un recuento de reticulocitos absoluto teniendo en cuenta el recuento de glóbulos rojos totales del paciente.

Aun así se está utilizando un recuento relativo de reticulocitos con un coeficiente de variación alto.

La llegada del recuento de reticulocitos automatizado ha sido una mejora de gran valor. La misma utiliza citometría de flujo como metodología, pudiendo variar ligeramente entre fabricantes.

Existen básicamente dos maneras de hacerlo:
- Un método utiliza el colorante nuevo azul de metileno para precipitar el ARN, y esta complejidad en el citoplasma se detecta por dispersión lateral.
- Otros métodos utilizan una tinción fluorescente específica para ARN que luego se detecta, la señal fluorescente, por dispersión lateral.

Estos resultados pueden visualizarse como citogramas y dispersogramas.

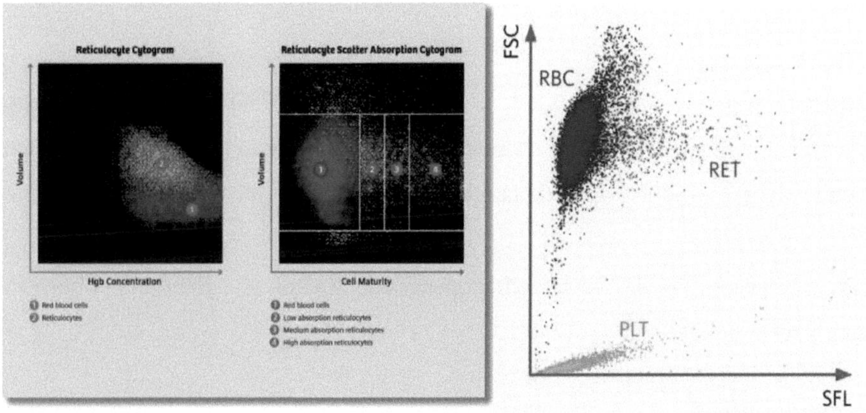

Fig.4 Ejemplos de citogramas en ADVIA 2120i y Dispersograma en Sysmex XN1000.

La importancia de los reticulocitos

Generalmente para estudiar con detalle la calidad de producción de los glóbulos rojos en una anemia, se requiere hacer un aspirado de medula ósea. Sin embargo, los reticulocitos representan lo que está sucediendo con la producción en las últimas 24 horas de una manera relativamente no invasiva.

Existen dos tipos de anemias: las regenerativas, donde el recuento de reticulocitos estará incrementado y las no-regenerativas, donde los reticulocitos están normales o incluso disminuidos.
En un paciente anémico, un aumento de reticulocitos es una buena señal, pues indica que la médula ósea responde produciendo células más de lo habitual en un esfuerzo para tratar de corregirla.

Pero para que esto suceda, deben existir dos condiciones: la médula ósea debe estar saludable, y también debe tener suficiente materia prima para la producción celular. Esta compensación favorecerá que estos futuros glóbulos rojos sean de buena calidad y en cantidad.

Pero con respecto a la cantidad, este incremento, por un conteo elevado de reticulocitos, usando el rango de referencia normal;   no es un buen parámetro para evaluar la productividad de la médula ósea en pacientes anémicos.

Para establecer el rango de referencia para reticulocitos se utiliza una población sana y no anémica.

Por otro lado, en esa población no anémica, saludable, normal, los reticulocitos van a madurar en el primer día que entran al torrente sanguíneo. Entonces un recuento de reticulocitos en una persona normal representa la liberación de células en la sangre de un día.

Pero en pacientes anémicos, cuando la hemoglobina es más baja de lo normal, generalmente van a tener menor cantidad de glóbulos rojos. Y esto es un detalle no menor al momento de realizar un recuento manual de reticulocitos expresado en porcentaje.

Veamos cómo puede cambiar un recuento relativo y su impacto en la interpretación del resultado a nivel clínico.

En la Fig.5 se pueden observar los glóbulos rojos bicóncavos normales de color rojo. En color celeste los reticulocitos normales que madurarán un solo día en sangre periférica. Y por último tenemos los reticulocitos transitorios que son los de color azul.

Referencias	Normal	Episodio Hemolítico Agudo	Episodio Hemolítico tardío
⓪ Globulos Rojos	⓪⓪⓪⓪⓪⓪⓪⓪⓪⓪		
◯ Reticulocitos	⓪⓪⓪⓪⓪⓪⓪⓪⓪⓪		
● Reticulocito Transitorio	⓪⓪⓪⓪⓪⓪⓪⓪⓪⓪		
(D) Domingo (L) Lunes	⓪⓪⓪⓪⓪⓪⓪⓪⓪⓪		⓪⓪⓪⓪⓪⓪⓪⓪⓪⓪
	⓪⓪⓪⓪⓪⓪⓪⓪⓪⓪	⓪⓪⓪⓪⓪⓪⓪⓪⓪⓪	⓪⓪⓪⓪⓪⓪⓪⓪⓪⓪
	⓪⓪⓪⓪⓪⓪⓪⓪⓪⓪	⓪⓪⓪⓪⓪⓪⓪⓪⓪⓪	⓪⓪⓪⓪⓪⓪⓪⓪⓪⓪
	⓪⓪⓪⓪⓪⓪⓪⓪⓪⓪	⓪⓪⓪⓪⓪⓪⓪⓪⓪⓪	⓪⓪⓪⓪⓪⓪⓪⓪⓪⓪
	⓪⓪⓪⓪⓪⓪⓪⓪⓪⓪	⓪⓪⓪⓪⓪⓪⓪⓪⓪⓪	⓪⓪⓪⓪⓪⓪⓪⓪⓪⓪
	⓪⓪⓪⓪⓪⓪⓪⓪⓪⓪	⓪⓪⓪⓪⓪⓪⓪⓪⓪⓪	⓪⓪⓪⓪⓪⓪⓪⓪⓪⓪
	⓪⓪⓪⓪⓪⓪⓪⓪⓪⓪	⓪⓪⓪⓪⓪⓪⓪⓪⓪⓪	⓪⓪⓪⓪⓪⓪⓪⓪⓪⓪
	◯ ◯	◯ ◯	Ⓓ Ⓓ Ⓓ Ⓛ Ⓛ Ⓛ
Recuento	2/102	2/62	6/76
Reticulocitos Relativos (%)	1.9%	3,2%	7.9%
Hematocrito	45%	25%	30%

Fig. 5 Gráfico representando el cálculo de Reticulocitos Relativos.

Realicemos un recuento de reticulocitos a un paciente normal con 45% de hematocrito.

Cada 100 glóbulos rojos tengo 2 reticulocitos. Esto me da un total de 102 células contabilizadas. Por lo tanto el porcentaje de reticulocitos es del 1,9%, que está dentro del rango de referencia (VR: 0,5% - 2%).

Imaginemos que a este mismo paciente, de repente, está teniendo un episodio hemolítico agudo y por lo tanto su conteo de glóbulos rojos disminuye rápidamente y su hematocrito a 25%.

Realicemos el recuento de reticulocitos. Ahora en lugar de tener 102 células, tenemos 62 células de las cuales: 60 son glóbulos rojos y 2 son reticulocitos. El porcentaje de 3,2%, se ha casi duplicado a pesar de que el número de reticulocitos sigue siendo el mismo. Es lo que sucede cuando el recuento de eritrocitos baja con la anemia sin aumentar el número de reticulocitos.

Por lo tanto estarán falsamente elevados en pacientes con bajos recuentos de glóbulos rojos

Los reticulocitos transitorios requieren más de 24 horas para madurar en la sangre periférica. Entonces nuestro paciente, luego de unos 5 o 6 días, comienza a responder produciendo reticulocitos jóvenes, aumentado de a poco la hemoglobina, aumentado el número de glóbulos rojos y por lo tanto su hematocrito a 30%.

Realizamos el recuento de reticulocitos. Ahora en lugar de tener 62 células, tenemos 76 células de las cuales: 70 son glóbulos rojos y 6 son reticulocitos transitorios. El porcentaje relativo de 7,9% se ha casi triplicado del valor inicial del paciente.

Pero estos reticulocitos son transitorios, lo que significa que están madurando mínimo 2 días en sangre periférica.

Quiere decir que algunos de los reticulocitos que conté, entraron a la sangre periférica, por ejemplo, ayer domingo (D) y el recuento se realizó hoy día lunes (L). Entonces aun cuenta con los reticulocitos transitorios del día domingo en circulación.

No hay posibilidad de distinguir los que entraron el domingo, cuando estoy haciendo este recuento de reticulocitos el día lunes.

Así, como bien se espera que el recuento de reticulocitos refleje un día de producción, esto hace ver que un paciente anémico no está produciendo 6 células por día, sino realmente 3.

Estos valores, si no son corregidos, pueden dar una falsa información y expectativa al médico hematólogo, indicando que esa médula está altamente activa y muy productiva cuando quizás no es tan así.

Y esta es la pregunta que se haría el médico: ¿Está el recuento de reticulocitos lo suficientemente aumentado como para corregir su anemia?

Una forma de corregir el recuento relativo de reticulocitos en los pacientes anémicos es mediante el siguiente cálculo:

- Retic. Corregido (RC%) = %Retic × (HTO del paciente/HTO normal), donde se considera un hematocrito (HTO) normal de 45%.

Por otro lado se puede calcular el Indice de Producción de Reticulocitos (IPR):
- IPR = RC% / Vida media Reticulocito según HTO,

donde para un HTO de 45% es 1, 35% es 1,5, 25% es 2 y para 15% es 2,5. Este índice tiene en cuenta los reticulocitos transitorios que permanecen más de un día en sangre periférica.

Ahora, ¿necesitamos preocuparnos por este tipo de falsos aumentos cuando estamos usando recuentos automatizados absolutos?

La respuesta es no, porque contamos con herramientas para corregirlo o interpretarlo.

Fracción de Reticulocitos Inmaduros (FRI)

Hoy los equipos automatizados realizan un recuento absoluto de reticulocitos y calculan el porcentaje o valor relativo respecto de los glóbulos rojos totales, expresándolos luego en porcentaje, como se suele informar. Este recuento absoluto incluye los reticulocitos transitorios. Pero existe una herramienta más y es la Fracción de Reticulocitos Inmaduros.

Son los reticulocitos que pasarán más de un día madurando en la sangre.

Un aumento en la producción de reticulocitos inmaduros nos indica que la médula ósea está respondiendo adecuadamente.

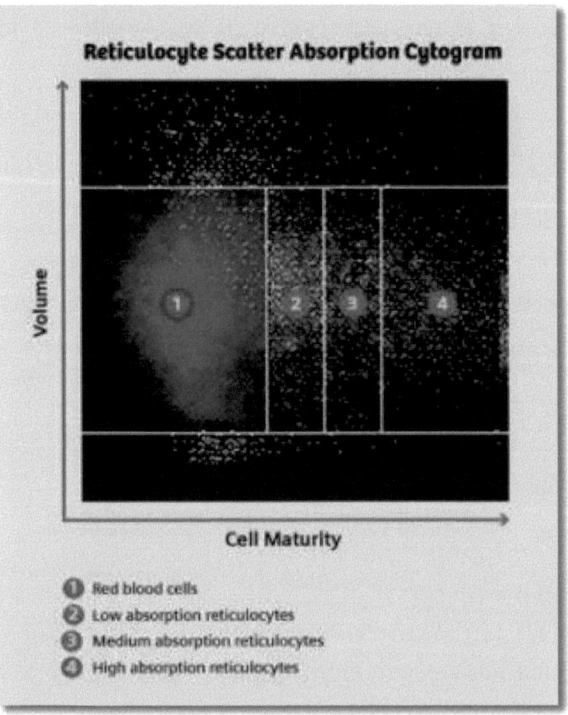

Fig.6 Citograma de Absorción de Reticulocitos

Este es un citograma de absorción de un recuento de reticulocitos.

En el eje X, de izquierda a derecha, tenemos el contenido de ARN incrementado hacia la derecha y por lo tanto el grado de inmadurez de los reticulocitos.

En el eje Y tenemos dispersión frontal y se relaciona con aumento del volumen celular de abajo hacia arriba.

Como los eritrocitos maduros pasan de ser grandes reticulocitos a células pequeñas maduras, entonces la madurez en el eje Y va desde los más jóvenes en la parte superior a los más viejos en la parte inferior.

Mientras que en el eje X, las células que tienen más ARN, a la derecha, son los más jóvenes y la madurez va hacia la izquierda, donde encontramos los glóbulos rojos maduros. Y es exactamente lo que esperaríamos ver, porque salen de la médula ósea más grandes después que han pasado a través del bazo.

El término FRI (IRF en inglés) se introdujo para indicar los reticulocitos más inmaduros que contienen altas cantidades de ARN (14).

La madurez de los reticulocitos se basa en la cantidad de trazas de ARN presentes en la célula, que pueden teñirse con un colorante fluorescente específico para ácidos nucleicos. Según la intensidad de fluorescencia emitida, los reticulocitos se pueden clasificar en reticulocitos de baja absorción (LAR), media absorción (MAR) o alta absorción (HAR).

Según Buttarello (15), el FRI y el recuento de reticulocitos pueden considerarse como un índice de aceleración y una medida cuantitativa de la eficacia de la eritropoyesis, respectivamente.

Además, estos parámetros son útiles para discriminar aquellas anemias caracterizadas por un aumento de la eritropoyesis (anemias hemolíticas) o por pérdidas de sangre que dan lugar a un aumento tanto del recuento total de reticulocitos como del FRI.

En las anemias que son consecuencia de una disminución en la producción de la médula ósea (enfermedad renal crónica) ambos parámetros están disminuidos y, en aquellas anemias provocadas por infecciones agudas o síndromes mielodisplásicos, se produce una disociación entre el recuento total de reticulocitos (reducido o normal) y el FRI (que puede estar aumentado).

El aumento del FRI precede en varios días al aumento del recuento de reticulocitos durante la ingesta de cobalamina, folatos y hierro para el tratamiento de las anemias nutricionales, pudiendo monitorear terapias de anemia y conseguir resultados tempranamente sin esperar tanto tiempo.

El FRI también es muy útil en la evaluación de los trasplantes de médula ósea, porque se puede obtener información casi en un día sin tener que esperar semanas. De hecho se lo ha propuesto como marcador temprano de injerto en el trasplante de médula ósea, en el trasplante de células madre hematopoyéticas y en la regeneración de la médula ósea tras una quimioterapia (39).

Se encuentran estudios que han podido demostrar que el aumento del FRI es un indicador de injerto que precede a otros parámetros utilizados como indicadores, como son: el recuento de neutrófilos absolutos, las plaquetas reticuladas (fracción plaquetaria inmadura y el recuento de reticulocitos (40) (41).

Otro ejemplo de gran utilidad es en pacientes sometidos a trasplante autólogo de células madre en una variedad de enfermedades subyacentes. Con diferentes regímenes de acondicionamiento, el tiempo de duplicación del FRI está definido como el primero de 2 días consecutivos, durante los cuales el valor de FRI se duplica desde el nadir (aplasia) y puede predecir el injerto mieloide varios días antes de que el recuento absoluto de neutrófilos supere los 0.100 109/L (42) (43).

En pacientes sometidos a un Trasplante de Células Madres Hematopoyéticas (TCMH) alogénico de donantes, emparentados o no emparentados, se observa un aumento de la fracción de reticulocitos inmaduro superior al 10% entre el día 1 y el día 4, antes que un recuento absoluto de neutrófilos superior a 0,100 109/L en la mayoría de los casos (44).

El FRI puede no ser sólo el primer indicador sensible de la recuperación hematológica, pero si uno muy importante de la aplasia por quimioterapia en niños con cáncer; pues sirve como parámetro adicional de la función y recuperación de la médula ósea (45).

De hecho la fracción de reticulocitos inmaduros se ha propuesto como marcador precoz de la movilización de CD34+ para la utilización de células madres periféricas, a fin de optimizar el momento de la recolección de las mismas luego del empleo de factores de crecimiento o de terapia con fármacos citotóxicos (46).

A su vez, es particularmente útil con trasplante de riñón, donde esperamos tener una producción endógena de eritropoyetina del riñón trasplantado. En los pacientes con enfermedad renal crónica (ERC) y anemia, que reciben tratamiento con estimulantes de medula ósea, como es la Eritropoyetina, se debe garantizar la reposición de las reservas de hierro antes y durante el tratamiento. Los niveles de hierro para optimizar la producción de hemoglobina tienen que estar en equilibrio con la estimulación de la eritropoyesis (47). Aquí los datos de la FRI y la HCr juegan un rol importante en no instaurar una anemia que se puede predecir.

Hemoglobina celular media Reticulocitaria (HCMr)

Otro parámetro a destacar es la hemoglobina celular media Reticulocitaria. Es una medida del contenido de hemoglobina de los reticulocitos (HCr) expresado en pg/célula. Es el producto del volumen celular y la HCr, la cual describe cuánta hemoglobina hay en promedio en el reticulocito, representando un promedio de la hemoglobina reticular en los últimos 5 días. Esto nos permite determinar cuan "hipocrómicos" o no, está esta población de reticulocitos en medula ósea.

Capítulo 2: La hemoglobina Reticular (HCr):

El elemento esencial

El recuento de reticulocitos nos dice qué tan rápido la médula incorpora células en la sangre periférica. La fracción de reticulocitos inmaduros es más rápida y es capaz de decirnos, tempranamente, sobre la aceleración en la producción celular.

Pero nada nos dicen acerca de la calidad de estas células, si son buenas o no para el transporte de oxígeno. Y esto va a depender de cuánta hemoglobina contengan.

La hemoglobina corpuscular media (HCM) es un parámetro, en el hemograma o CBC, que describe cuánta hemoglobina hay en promedio en el glóbulo rojo. Su rango va de 26 a 32 picogramos por célula y representa un promedio de la hemoglobina en los glóbulos rojos en los últimos 4 meses.
Teniendo en cuenta que la vida media del eritrocito es de 120 días, este parámetro no refleja el estado actual de la producción celular.

Sin embargo, la hemoglobina presente en los reticulocitos o hemoglobina reticular (HCr), podría reflejar exactamente cómo están hoy las células que se produjeron ayer, su capacidad para transportar oxígeno y su cantidad de hemoglobina. Esta cantidad es especialmente útil para la evaluación de la eritropoyesis donde el factor limitante más común es el hierro.
A éste se lo necesita como materia prima y a su vez se necesita una médula ósea sana.

Así pues, si el hierro escasea, incluso con una médula sana, no habrá capacidad de producción celular eficiente. Este sería un periodo de deficiencia de hierro latente donde la anemia se desarrollaría hasta llegar ser una anemia franca.

La anemia por deficiencia de hierro aparece en todas las edades, sin excepción; pero los niños, adolescentes y mujeres en edad fértil, se encuentran dentro del grupo más afectado (16).

La causa más común es cuando la ingesta de hierro en el humano es inferior a su excreción, de esta manera se produce un balance de hierro negativo en el organismo (17). A su vez existen desbalances fisiológicos propios como pueden ser un embarazo, una pérdida de sangre aguda o crónica, una enfermedad renal, el sangrado menstrual abundante, una enfermedad inflamatoria intestinal, una cirugía o síndromes de malabsorción.

La anemia en sí, es un problema importante en la salud pública a nivel mundial. Varía también según el país, pero se calcula que 1/3 de esa población es debido a la deficiencia de hierro, a pesar de su naturaleza multifactorial.

Se estima que 1.24 mil millones de personas experimentan anemia por deficiencia de hierro (ADH) en los últimos 10 años, con grandes variaciones entre los países de ingresos bajos y los de ingresos altos (18,19).

La Organización Mundial de la Salud (OMS) sugiere que la anemia afecta a alrededor de 800 millones de niños y mujeres, siendo la ADH la más común (20). La reducción de la anemia es una prioridad clave de la Asamblea Mundial de la Salud Nutrición global Objetivos para 2025 y de los objetivos de desarrollo sostenible (21).

Esto es debido a que la ADH se asocia con resultados de desarrollo cognitivo y motor deficientes en niños y puede causar tanto fatiga como baja productividad (22).

Varias enfermedades crónicas se relacionan con ADH, en particular, la enfermedad renal crónica, la insuficiencia cardíaca crónica, el cáncer y la enfermedad inflamatoria intestinal (20). El hierro tiene gran importancia para el mantenimiento del metabolismo celular en tejidos como el corazón, el hígado, los riñones, los músculos y el cerebro (32,33).

Por tanto, es necesario un diagnóstico precoz para evitar las secuelas asociadas y esto solo se puede lograr con una mayor conciencia de la prevalencia y las causas de la ADH (23).

Entre los parámetros tradicionalmente utilizados para evaluar la ADH se encuentran el hierro soluble en sangre, el hierro en almacenamiento de ferritina y la saturación de transferrina (24). Sin embargo, estos parámetros se ven afectados por ciertas condiciones y no es fácil evaluarlos, especialmente durante una reacción de fase aguda y en presencia de anemia por enfermedades crónicas (AEC) (15).

Las anemias por enfermedades crónicas son también conocidas como anemias de la inflamación. Este tipo de anemias representa la principal forma de la deficiencia funcional de hierro. Se produce como resultado de una respuesta inflamatoria aguda o crónica en pacientes con infecciones de base, neoplasias, enfermedades autoinmunes y enfermedad renal crónica.

La patogénesis de esta anemia es multifactorial e incluye la activación de la de la inmunidad de tipo celular. Esto implica la producción de citoquinas inflamatorias por los monocitos, los linfocitos T, los macrófagos y los hepatocitos. Éstos producen entre otras cosas:

- Inhibición de la producción de eritropoyetina
- Inhibición de la proliferación y diferenciación de progenitores eritroides
- Deficiencia en la respuesta a Eritropoyetina
- Alteración de homeostasis del hierro

Esta última conlleva a una desviación y retención del hierro en los sitios de reserva, generando un suministro insuficiente de hierro a la medula ósea (36) (37). Esto es lo que se conoce comúnmente como síndrome de secuestro de hierro mediado por la interleuquina I, el factor de necrosis tumoral alfa y la interleuquina 6 (38).

Estas citoquinas conducen a una retención del hierro dentro de estas células mediante la síntesis de Ferritina en macrófagos y hepatocitos, generando así un aumento en el almacenamiento de hierro en el retículo endotelial. La interleuquina 6 estimula la producción de hepcidina en el hígado, que al unirse a la proteína ferroportina del intestino genera dos situaciones:

- Inhibición de la absorción de hierro
- Inhibición de la exportación del hierro desde el macrófago

Si bien los análisis tradicionales de laboratorio indicarían que esta aumentada la reserva de hierro, su disponibilidad puede ser menor o directamente estar bloqueada. Esta es la razón fundamental que nos impulsa a buscar nuevas herramientas sensibles y especificas a fin de que su información ayude a la toma de decisiones clínicas sin estar interferidas por otras enfermedades de base como reactantes de fase aguda.

Factores como la inflamación, malignidad, enfermedades hepáticas y el consumo de alcohol aumentan independientemente del hierro (16). Por otro lado, debido a la vida útil de los glóbulos rojos (120 días), estos parámetros tienen un gran retraso en su respuesta (25).

Por ello la Hemoglobina Reticulocitaria (HCr) proporciona una evaluación en tiempo real del estado del hierro y caracteriza la síntesis de la hemoglobina (26). De otra manera estaríamos viendo a los tres meses, los resultados de una anemia que ya avanzó, se sigue desarrollando y aún evolucionando.

La medición de la HCr refleja el metabolismo real del hierro de la eritropoyesis y permite evaluar la calidad de las células (28). Los cambios en el estado de hierro de la eritropoyesis pueden así detectarse mucho antes, determinando únicamente el contenido de hemoglobina de los reticulocitos maduros (26).

De esta manera, sería muy importante usarlo de forma rutinaria para el diagnóstico precoz de ADH, ya que el HCr es el mejor biomarcador de las pruebas tradicionales para la misma (29). A su vez, los avances en hemogramas automatizado no solo han permitido la mejora del desempeño analítico, sino también la inclusión de nuevos parámetros con importancia clínica, como lo es la hemoglobina reticular (30).

La HCr podría detectar depleción de hierro de manera más temprana que otros marcadores, permitiendo un diagnóstico oportuno de casos leves o moderados de ADH (29,31).

No obstante, se requiere una evaluación integral y sistemática de la evidencia disponible para confirmar la utilidad clínica de la HCr como prueba diagnóstica en etapas iniciales. El incremento en los casos de anemias ha generado el interés de este estudio el cual tiene como propósito de evaluar la HCr en el diagnóstico precoz de la ADH (27). Los resultados de este estudio aportarán a establecer el valor potencial de este nuevo marcador dentro de la práctica clínica (27).

En 2024, Rendón Párraga et.al (27) realizó un estudio para establecer el valor potencial de este nuevo marcador HCr dentro de la práctica clínica. Lo llevó a cabo mediante una revisión sistemática en una búsqueda en las bases de datos donde los criterios de inclusión fueron:

a) La HCr utilizada como biomarcador en el diagnóstico de la ADH;

b) Cohortes prospectivas/retrospectivos, de casos y controles;

c) Artículos publicados en inglés desde el 2018 hasta 2023.

Los datos extraídos de un total de 24 publicaciones, incluyeron características de los participantes (pacientes con ADH mediante la medición de hemoglobina eritrocitaria), pruebas diagnósticas utilizadas, valores de sensibilidad, especificidad y medidas de rendimiento diagnóstico de la HCr (27).

En esta revisión sistemática se estableció para la HCr en el diagnóstico de ADH una sensibilidad agrupada de 90% y una especificidad agrupada de 80.5%, datos que son comparables a lo reportado por Kılıç et. al (29) donde sostienen una sensibilidad y especificidad agrupadas de 91.8% y 89.53% respectivamente.

Los resultados de esta revisión sistemática indican que la HCr presenta una elevada sensibilidad y especificidad con una diferencia de medias significativa que demuestra su utilidad como una prueba detección oportuna de deficiencia de hierro.

Por lo tanto, dada la evidencia disponible, él recomienda incorporar de forma rutinaria la HCr en la práctica clínica para la evaluación de pacientes con sospecha de esta condición, ya que su implementación podría mejorar y acelerar el diagnóstico permitiendo la identificación precoz de casos leves o moderados (27).

Entonces sabiendo cuánta hemoglobina hay en los reticulocitos, podemos identificar la deficiencia de hierro antes de que se desarrolle la anemia, siendo especialmente valioso en niños. El grado de deficiencia de hierro en bebés y niños pequeños es muy alto.

Debido a la sofisticación de los autoanalizadores de hematología actuales, podemos reconocer cuando una suplementación está siendo efectiva o si es necesaria, como así también la terapia de eritropoyetina para los pacientes de diálisis.

Los pacientes con diálisis, suele tener hierro suficiente, pero padecen una "deficiencia" debido a que no lo puede movilizar tan rápido. Esto es debido a que la eritropoyesis necesita ser estimulada por eritropoyetina (EPO) exógena. Una vez estimulado, el proceso de incorporación de hierro a la célula se acelera. Por otro lado, tiene que existir hierro suficiente para movilizarse. El uso de EPO con poco almacenamiento de Fe puede generar una depleción del mismo.

El valor de corte de la hemoglobina en reticulocitos es de 28 picogramos, y cualquier valor menor representa eritropoyesis restringida de hierro, especialmente en el caso de pacientes de diálisis renal que recibieron eritropoyetina.

Cada laboratorio debería determinar sus propios valores de referencia poblacionales puesto que las tecnologías varían de instrumento a instrumento y las poblaciones también.

Se necesitarán también valores de corte diferentes para bebés y niños pequeños que pueden ser realmente importantes en instituciones de servicio pediátrico.

La HCr se puede utilizar para detectar la deficiencia de hierro funcional; especialmente en pacientes con diálisis, donde se les puede dar EPO. Pero si no tienen hierro disponible tendrán todavía eritropoyesis con hierro restringido. Incluso pueden tener valores normales para ferritina, elevada falsamente en condiciones inflamatorias.

Capítulo 3: El Indicador Predictivo de Anemias.

La herramienta fundamental

Así pues, el conteo total absoluto de reticulocitos permite la evaluación de la producción de la médula ósea y la respuesta en general a la terapia.

La fracción de reticulocitos inmaduros sirve para la evaluación, casi en tiempo real, de la actividad de la médula ósea, especialmente útil para trasplantes. Por otra parte la fracción de reticulocitos inmaduros elimina la necesidad de corregir las cantidades relativas.

El HCMr permite determinar cuan "hipocrómicos" están la población de los reticulocitos en medula ósea.

Y finalmente el contenido de hemoglobina de los reticulocitos (HCr) permite la detección de la eritropoyesis restringida de hierro aun cuando otras pruebas de hierro parecen normales o dudosas.

Ahora nuestro desafío es integrar todos estos parámetros en el Indicador Predictivo de Anemias (IPA), para poder diagnosticar precozmente una anemia y aplicarlo en casos clínicos.

Por lo tanto, este Indicador debe:

- Proporcionar previsibilidad al inicio de la anemia.
- Permitir el seguimiento de la anemia y su tratamiento.
- Colaborar en la toma de decisiones clínicas y médicas.
- Contribuir a las acciones preventivas y mejorar la calidad de vida del paciente.

Recordemos que la síntesis de hemoglobina sólo se produce en los reticulocitos más jóvenes de la médula ósea y los reticulocitos circulantes ya no pueden sintetizar la misma ni aumentar su concentración.

Los reticulocitos normales maduran un día en la sangre periférica. En un episodio agudo de hemorragia, los reticulocitos transitorios abandonan rápidamente la médula ósea y maduran durante 2, 3 o más días en la sangre periférica.

Un aumento de la fracción de reticulocitos inmaduros (FRI) significa que las células se producen rápidamente, sin contemplar su eficacia.

El contenido de hemoglobina en los reticulocitos (HCr) podría reflejar la cantidad de hemoglobina y su capacidad para transportar oxígeno, por lo que constituye una valiosa herramienta para el diagnóstico precoz y el tratamiento de las anemias, principalmente las ferropénicas con agotamiento de las reservas.

Apliquemos entonces el IPA a un caso clínico real

Tenemos una mujer de 79 años que necesitaba un reemplazo total de rodilla. Enfermedad de base: Linfoma No Hodgkin tratado en 2017 y con control rutinario bimensual debido a Trombocitopenia crónica. Se indicaron corticoides antes de la cirugía.

El examen pre quirúrgico se realizó el 03/10/2022 y se obtuvo:
Hematocrito (HCT) 46,8%, hemoglobina (HGB) 15 g/dl y volumen corpuscular medio (VCM) 88,9 fl.

El 05/10/2022 la paciente entró en quirófano y le dieron el alta médica el 07/10/2022. Partir de allí se realizaron diferentes controles en distintas fechas para el seguimiento de la recuperación, que se detallan a continuación y están reflejados en la Tabla 1.

<u>Control #1</u>

El 10/11/2022 se realizó un control post-quirúrgico con un hemograma y se obtuvo: un hematocrito (HCT): 25,9%, hemoglobina (HGB): 8,4 g/dl (Tabla 1).

Se analizó con el IPA:
Recuento absoluto de reticulocitos: 158,5 x 10^9/l.
Reticulocitos (Retic): 5,41%, indicaba activación de la eritropoyesis.
La cantidad de hemoglobina reticular (HCr): 29,8 pg., indicaba la existencia de hierro disponible para la eritropoyesis.

Se observa una disminución de la fracción de reticulocitos maduros de baja absorbancia (Retic L) de 71,64% a expensas de un aumento de las fracciones inmaduras de absorbancia media (Retic M) de 18,39% y de absorbancia alta (Retic H) de 9,97%. El recuento de fracciones inmaduras (FRI H+M) fue de 28,36%. Observaciones: La anemia se desarrollaría si no se indicara un tratamiento con hierro.

El 12/10/2022, la médica hematóloga indicó el comienzo de un tratamiento con comprimidos de 40 mg de hierro/fólico por vía oral durante 45 días sumando corticoides para la trombocitopenia.

El tratamiento Hierro/Fólico fue indicado debido a que la HCr fue de 29,8 pg. Este valor está próximo al límite inferior del rango de referencia (28pg-36pg) utilizado en nuestro laboratorio. También se observó un aumento del porcentaje de reticulocitos (%Retic), una disminución de la fracción de reticulocitos maduros Retic L y un aumento de las fracciones inmaduras de Retic M, demostrando que la eritropoyesis estaba activa y que la anemia no se desarrollaría con la incorporación temprana del suplemento de hierro/fólico.

Control #	1	2	3	4
Día	11/10/2022	14/10/2022	20/10/2022	26/10/2022
HTC %	25,9	25,8	31	33,9
HGB g/dl	8,4	8,6	9,8	10,7
RBC 10^12/l	2,93	2,93	3,42	3,67
# RETIC 10^9/l	158,5	265,9	344,5	173,9
RETIC %	5,41	9,06	10,07	4,74
HCr pg	29,8	33,6	30,8	30,1
RETIC L %	71,64	62,42	70,14	74,59
RETIC M %	18,39	22,35	19,43	17,23
RETIC H %	9,97	15,23	10,43	8,18
FRI-H+M %	28,36	37,58	29,86	25,41

Tabla 1. Evolución del paciente. Días de control y parámetros realizados.

Control #2

El 14/10/2022 se realizó un control postquirúrgico con un hemograma: Se obtuvo un HCT conservado: 25,8%, HGB: 8,6 g/dl (ver Tabla 1).

Se analizó con el IPA:

Recuento absoluto de reticulocitos: 265,9 x 10^9/l.

Retic: 9,06 %, indicaba una alta estimulación de la eritropoyesis.

El HCr: 33,6 pg indica un aumento efectivo del hierro disponible para la eritropoyesis.

Se observó una disminución de la fracción de reticulocitos maduros Retic L (Gráfico 3) de 62,42% a expensas de un aumento significativo de las fracciones inmaduras de Retic M (Gráfico 4) de 22,35% y de Retic H (Gráfico 5) de 15,23%. (Gráfico 1).

El recuento de las fracciones inmaduras aumentó hasta el 37,58% (Gráfico 2).

Observaciones: Se observa un balance entre materia prima y producción. Se puede decir que la anemia fue controlada y tratada con precozmente. No se indicó eritropoyetina ya que el IPA mostró Eritropoyesis activa.

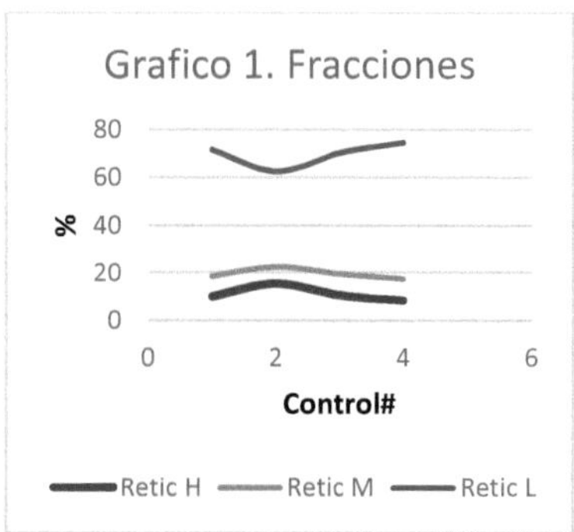

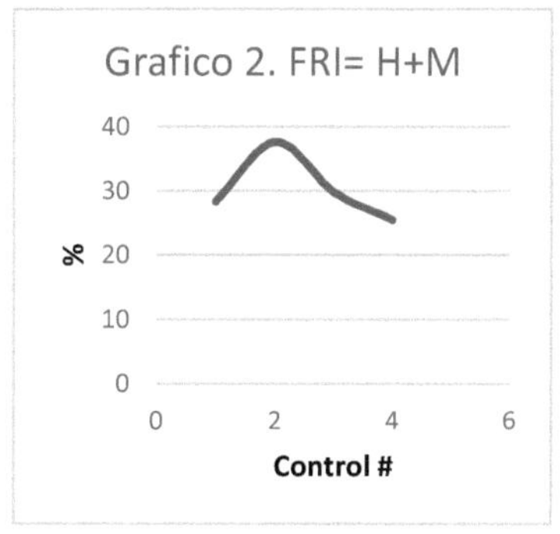

Gráfico 1. Fracciones. Se observó una disminución de la fracción de reticulocitos maduros Retic L del 62,42% a expensas de un aumento significativo de las fracciones inmaduras de Retic M del 22,35% y Retic H del 15,23%.

Gráfico 2. El recuento de las fracciones inmaduras aumentó al 37,58%.

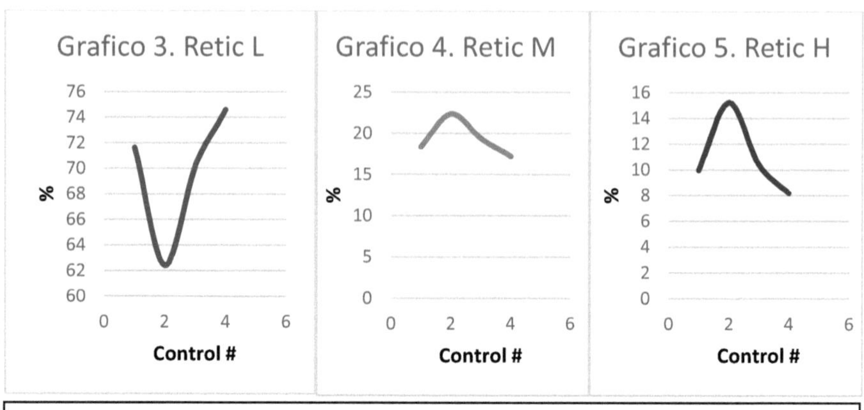

Grafico 3,4,y 5. Rendimiento individual de Retic L, Retic M y Retic H durante el Control #.

Control #3

El 20/10/2022 se realizó un control postquirúrgico con un Hemograma: se observó un HCT conservado: 31% y la HGB: 9,8 g/dl (Tabla 1).

Se analizó el IPA:

Recuento absoluto de reticulocitos: 344,5 x 10^9/l (Gráfico 6).

Retic: 10,07 %, indicaba incluso estimulación de la eritropoyesis por la medicación.

El HCr: 30,8 pg indicaba un ligero consumo del hierro disponible para la eritropoyesis.

Observaciones: Se observó un ligero aumento de la fracción de reticulocitos maduros Retic L de 70,4 % a expensas de una ligera disminución de las fracciones inmaduras de Retic M de 19,43 % y Retic H de 10,43 %.

El recuento de las fracciones inmaduras empezó a disminuir a un valor de 29,86%.

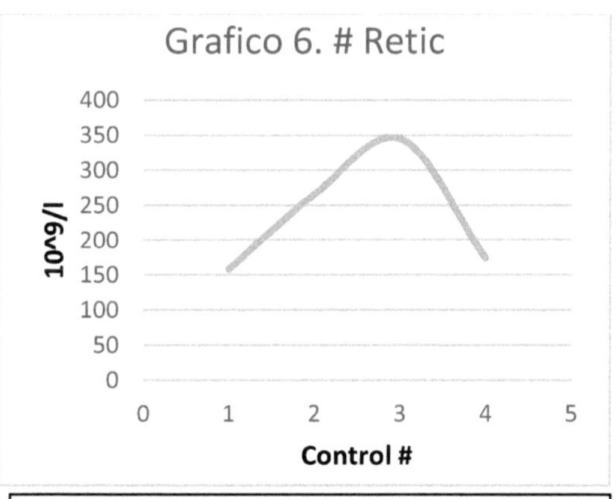

Gráfico 6. #Retic Se observó un pico del recuento absoluto de reticulocitos de: 344,5 x10^9/l en el día del Control n° 3 tras el seguimiento del tratamiento con Hierro/Fólico.

Control #4

El 26/10/2022 se realizó un control postquirúrgico con un hemograma: se observó un HCT conservado de 33,9%, una HGB de 10,7 g/dl (Tabla 1).

Se analizó el IPA:

Recuento absoluto de reticulocitos: 173,9 x 10^9/l.

Retic: 4,74 %, indicaba una eritropoyesis estable y continua debido a la medicación regular recibida.

El HCr de 30,1 pg indicaba una ligera estabilidad del Hierro disponible para la eritropoyesis.

Se observó un ligero aumento de la fracción de reticulocitos maduros Retic L de 70,4 % a expensas de una ligera disminución de las fracciones inmaduras de Retic M de 19,43 % y Retic H de 10,43 %. El recuento de las fracciones inmaduras fue de 29,86%.

Como resultados pudimos concluir que la síntesis de Hgb sólo se produce en los reticulocitos más jóvenes (Retic) de la médula ósea. Los reticulocitos circulantes ya no pueden sintetizar Hgb ni aumentar su concentración. Los reticulocitos Retic

L normales (gráfico 3) maduran un día en la sangre periférica. En un episodio de hemorragia aguda, los reticulocitos transitorios Retic M y H, abandonarán rápidamente la médula y madurarán durante 2,3 o más días en sangre periférica (Gráfico 4,5).

En el proceso de estimulación de la eritropoyesis, puede observarse un aumento absoluto de reticulocitos (Gráfico 6). Simultáneamente, se observa una disminución de la reticulocitos L (Gráfico 3) y un aumento de las fracciones inmaduras M y H (Gráficos 4 y 5), por lo que la suma total de ellas es FRI M+H (Gráfico 2). Un aumento de la fracción de reticulocitos inmaduros (FRI) significa que las células se producen rápidamente, sin indicar su eficiencia.

El contenido de hemoglobina en los reticulocitos (HCr) podría reflejar la cantidad de hemoglobina y su capacidad para transportar oxígeno, siendo por tanto una herramienta valiosa para el diagnóstico precoz y el manejo de las anemias, principalmente las ferropénicas con agotamiento de las reservas de hierro.

Un tratamiento ineficaz con hierro se diagnosticaría por la presencia de microcitosis e hipocromía en el frotis de sangre periférica, con expresión sólo después de tres meses.

Otras evidencias de depleción de la reserva de hierro están dadas por marcadores clásicos como: hierro sérico, transferrina, ferritina; pero pueden ser alterados por procesos agudos.

El HCr es independiente de estos, presentando mayor sensibilidad y especificidad (27) y proporcionando mayor utilidad clínica en fase precoz.

Conclusiones

El API analiza lo ocurrido en la médula ósea en las últimas 24 horas de forma NO INVASIVA, independientemente de los reactantes de fase aguda. Esto ayudará a la medicina a evitar un estudio invasivo del hierro en la médula ósea, contribuyendo a la calidad de vida del paciente.

El IPA analiza la eficiencia con la que la médula ósea responde para corregir la anemia y cómo compensa la producción de materia prima de los reticulocitos transitorios con calidad y en cantidad.

Los médicos toman decisiones para compensar con hierro y/o EPO para corregir la anemia según el rendimiento y la movilidad del FRI.

Diagnostica la deficiencia funcional de hierro con mayor sensibilidad y especificidad (27), en pacientes con VIH, cáncer, sepsis, enfermedades crónicas, hemorragias agudas.

La mayoría de los marcadores de anemia como Ferritina y Hierro no representan un valor diagnóstico durante las fases agudas.

Es el estudio de elección para el seguimiento en terapias intensivas, post-cirugía, post-diálisis, trasplante de médula ósea, etc.

Permite monitorizar la maduración de la reticulocitosis analizando la movilidad del FRI; el suplemento de hierro analizando el HCr y el tratamiento con EPO analizando la rapidez con la que aumenta la reticulocitosis absoluta.

Los cambios en el estado del hierro de la eritropoyesis pueden detectarse mucho antes que determinando únicamente el contenido de hemoglobina de los eritrocitos maduros.

De este modo, es posible predecir cómo serán estos eritrocitos circulantes en los tres meses siguientes y tratar la anemia con antelación.

Bibliografía.

1. Erb W. Zur Entwicklungsgeschichte der roten Blutko¨rperchen. Virch Arch Pathol Anat Physiol 1865;34:138–93.
2. Ehrlich P. Uber einige Beobachtungen am ana¨mischen Blut. Berl Klein Wschr 1881;18:43.
3. Smith T. On changes in the red blood corpuscles in pernicious anemia of Texas cattle fever. Trans Assoc Am Physicians 1891;6:263–77.
4. London IM, Shemin D, Rittenberg D. Synthesis of heme in vitro by the immature non-nucleated mammalian erythrocytes. J Biol Chem 1950;183:749–55.
5. Krumbhaar EB, Chanutin A. Studies on experimental plethora in dogs and rabbits. Exp Biol Med 1922;19:188–90.
6. Heath CW, Daland GA. Staining of reticulocytes by brilliant cresyl blue. Arch Intern Med 1931;48:133–45.
7. Dustin P. Contribution a` l'étude histophysiologique et histochimique des globules rouges des vertébrés. Arch Biol 1944;55:285–92.
8. Astaldi G, Tolentino P. Studies in vitro on maturation of erythroblasts in normal and pathological conditions. J Clin Pathol 1949;2:217–22.
9. Vander JB, Harris CA, Ellis SR. Reticulocyte counts by means of fluorescence microscopy. J Lab Clin Med 1963;62:132–40.
10. Houwen B. Reticulocyte maturation. Blood Cells 992;18:167–86.
11. Koepke JA, Broden PN, Corash L, et al. NCCLS document H44-A-Methods for Reticulocyte Counting (Flow Cytometry, and Supravital Dyes); Approved Guideline 1997;17(15).
12. Skadberg O, Brun A, Sandberg S. Human reticulocytes isolated from peripheral blood: maturation time and hemoglobin synthesis. Lab Hematol 2003;9:198–206.

13.Bertles J, Beck W. Biochemical aspects of reticulocyte maturation. J Biol Chem 1962;237:3770–7.

14.Chang CC, Kass L. Clinical significance of immature reticulocyte fraction determined by automated reticulocyte counting. Am J Clin Pathol. 1997;108(1):69-73. Epub 1997/07/01.

15.Buttarello M. Laboratory diagnosis of anemia: are the old and new red cell parameters useful in classification and treatment, how? Int J Lab Hematol. 2016;38 Suppl 1:123-32. Epub 2016/05/16.

16.Martínez-Villegas O, Baptista-González H. Anemia por deficiencia de hierro en niños: un problema de salud nacional Anemia due to iron deficiency in children: a national health problem. Rev Hematol Mex. 2019; 20(2): 96–105. https://doi.org/10.24245/rhematol

17.Baker R, Greer F, Bhatia J, Abrams S, Daniels S, Schneider M. Clinical report - Diagnosis and prevention of iron deficiency and iron-deficiency anemia in infants and young children (0-3 years of age). Pediatrics. 2010; 126(5):1040–1050. https://doi.org/10.1542/peds.2010-2576

18.Kassebaum N, Jasrasaria R, Naghavi M, Wulf S, Johns N, Lozano R, et al. A systematic analysis of global anemia burden from 1990 to 2010. Blood. 2014; 123(5):615–624. https://doi.org/10.1182/blood-2013-06-508325

19.Bellakhal S, Ouertani S, Antit S, Abdelaali I, Teyeb Z, Dougui M. Iron deficiency anemia: clinical and etiological features. Tunis Med. 2019 97(12):1389-1398. https://pubmed.ncbi.nlm.nih.gov/32173810

20.World Health Organization. Nutritional anaemias: tools for effective prevention and control. 2017. https://apps.who.int/iris/bitstream/handle/10665/259425/9789241513067-eng.pdf

21.WHO. Global nutrition targets 2025: anaemia policy brief (WHO/NMH/NHD/14.4). Geneva: World Health Organization. 2014. https://www.who.int/publications/item/WHO-NMHNHD-14.4

22. Balarajan Y, Ramakrishnan U, Özaltin E, Shankar A, Subramanian S. Anaemia in low-income and middle-income countries. The Lancet. 2011; 378(9809). 2123-2135. https://doi.org/10.1016/S0140-6736(10)62304-5

23. Cappellini M, Musallam K, Taher A. Iron deficiency anaemia revisited. Journal of Internal Medicine. 2020; 287(2), 153-170. https://doi.org/10.1111/joim.13004

24. Hoenemann C, Ostendorf N, Zarbock A,Doll D, Hagemann O, Zimmermann M, Luedi, M. Reticulocyte and Erythrocyte Hemoglobin Parameters for Iron Deficiency and Anemia Diagnostics in Patient Blood Management. A Narrative Review. Journal of Clinical Medicine. 2021; 10(18),4250.

25. Jimenez K, Kulnigg-Dabsch S, Gasche C. Management of Iron Deficiency Anemia. Gastroenterol Hepatol (Nueva York). 2015;11(4): 241-250. https://pubmed.ncbi.nlm.nih.gov/27099596

26. Nii M, Okamoto T, Sugiyama T, Aoyama A, Nagaya K. Reticulocyte hemoglobin content changes after treatment of anemia of prematurity. Pediatrics International. 2022; 64(1). Disponible en: https://doi.org/10.1111/ped.15330

27. Rendón Párraga, J. Z., & Arana, M. (2024). Hemoglobina reticulocitaria en el diagnóstico precoz de la anemia por deficiencia de hierro. Revista Vive,7(19), 23. https://doi.org/10.33996/revistavive.v7i19.280

28. Hönemann C, Hagemann O, Doll D. RetikulozytenHämoglobin-Äquivalent als diagnostischer Marker der aktuellen Eisendefizienz. Anestesista. 2020; 69 (1) 919–925.https://doi.org/10.1007/s00101-020-00870-y

29. Kılıç M, Özpınar A, Serteser M, Kilercik M, Serdar M. The effect of reticulocyte hemoglobin content on the diagnosis of iron deficiency anemia: a metaanalysis study. J Med Biochem. 2022; 41(1):1–13. https://doi.org/10.5937/JOMB0-31435

30.Buttarello M, Temporin V, Ceravolo R, Farina G, Bulian P. The New Reticulocyte Parameter (RET-Y) of the Sysmex XE 2100. Am J Clin Pathol. 2004; 121(4):489–495. https://pubmed.ncbi.nlm.nih.gov/15080300/

31.Cayo Toaquiza M, Castro J, Ponce D, Castro A. Hemoglobina reticulocitaria y su utilidad clínica en el diagnóstico temprano de eritropoyesis por deficiencia de hierro absoluto en mujeres adolescentes. Revista vive. 2022; 5(14):3 37-347.

32.Klip IT, Comin-Colet J, Voors AA, et al. Iron deficiency in chronic heart failure: an international pooled analysis. Am Heart J 2013;165:575–82.

33.Cohen-Solal A, Leclercq C, Deray G, et al. Iron deficiency: an emerging therapeutic target in heart failure. Heart 2014;100:1414–20.

34. Liu J, Guo X, Mohandas N, et al. Membrane remodeling during reticulocyte maturation. Blood 2010;115:2021–7.

35. Heilmeyer L. Blutfarbostoffwechselstudien. Probleme, Methoden, und Kritik der Whippleschen Theorie. Dtsch Arch Klein Med 1931;171:123–53.

36. Pippard, M. J. (2011). Iron deficiency anemia, anemia of chronic disorders and iron overload. In A. Porwit, J. McCullough, & W. N. Erber (Eds.), Blood and bone marrow pathology (2nd ed., pp. 173-195).

37. Guenter Weiss, M.D., and Lawrence T. Goodnough, M.D. Anemia of Chronic Disease March 10, 2005 N Engl J Med 2005;352:1011-1023

38.Goodnough LT. Iron deficiency syndromes and iron-restricted erythropoiesis (CME). Transfusion. 2012 Jul;52(7):1584-92.

39. Davis BH. Immature reticulocyte fraction (IFR): by any name, a useful clinical parameter of erythropoietic activity. Lab Hematol 1996;2:2–8.

40. d'Onofrio G, Tichelli A, Foures C, et al. Indicators of haematopoietic recovery after bone marrow transplantation: the role of reticulocyte measurements. ClinLab Haematol 1996;18:45–53.

41.Noronha JF, De Souza CA, Vigorito AC, et al. Immature reticulocytes as an early predictor of engraftment in autologous and allogeneic bone marrow transplantation. Clin Lab Haematol 2003;25:47–54.

42. Das R, Rawal A, Garewal G, et al. Automated reticulocyte response is a good predictor of bone-marrow recovery in pediatric malignancies. Pediatr Hematol Oncol 2006;23:299–305.

43. Grazziutti ML, Dong L, Miceli MH, et al. Recovery from neutropenia can be predicted by the immature reticulocyte fraction several days before neutrophil recovery in autologous stem cell transplant recipients. Bone Marrow Transplant 2006;37:403–9.

44. Molina JR, Sanchez-Garcia J, Torres A, et al. Reticulocyte maturation parameters are reliable early predictors of hematopoietic engraftment after allogeneic stem cell transplantation. Biol Blood Marrow Transplant 2007;13:172–82.

45. Luczyı nski W, Ratomski K, Wysocka J, et al. Immature reticulocyte fraction (IRF): an universal marker of hemopoiesis in children with cancer? Adv Med Sci 2006; 51:188–90.

46. Remacha AF, Martino R, Sureda A, et al. Changes in the reticulocyte fraction during peripheral stem cell harvesting: role in monitoring stem cell collection. Bone Marrow Transplant 1996;17:163–8.

47. Wish JB. Assessing iron status: beyond serum ferritin and transferrin saturation. Clin J Am Soc Nephrol 2006;1(Suppl 1):S4–8.

Printed by Books on Demand GmbH, Norderstedt / Germany